BEI GRIN MACHT SICH IHR WISSEN BEZAHLT

AF141761

- Wir veröffentlichen Ihre Hausarbeit,
  Bachelor- und Masterarbeit

- Ihr eigenes eBook und Buch -
  weltweit in allen wichtigen Shops

- Verdienen Sie an jedem Verkauf

Jetzt bei www.GRIN.com hochladen
und kostenlos publizieren

G R I N ☺

Andreas Wolf

Lineare Funktionen - Tarife

GRIN Verlag

Bibliografische Information der Deutschen Nationalbibliothek:

Die Deutsche Bibliothek verzeichnet diese Publikation in der Deutschen National-bibliografie; detaillierte bibliografische Daten sind im Internet über http://dnb.d-nb.de/ abrufbar.

Dieses Werk sowie alle darin enthaltenen einzelnen Beiträge und Abbildungen sind urheberrechtlich geschützt. Jede Verwertung, die nicht ausdrücklich vom Urheberrechtsschutz zugelassen ist, bedarf der vorherigen Zustimmung des Verla-ges. Das gilt insbesondere für Vervielfältigungen, Bearbeitungen, Übersetzungen, Mikroverfilmungen, Auswertungen durch Datenbanken und für die Einspeicherung und Verarbeitung in elektronische Systeme. Alle Rechte, auch die des auszugsweisen Nachdrucks, der fotomechanischen Wiedergabe (einschließlich Mikrokopie) sowie der Auswertung durch Datenbanken oder ähnliche Einrichtungen, vorbehalten.

Impressum:

Copyright © 2006 GRIN Verlag GmbH
Druck und Bindung: Books on Demand GmbH, Norderstedt Germany
ISBN: 978-3-640-20388-8

Dieses Buch bei GRIN:

http://www.grin.com/de/e-book/59952/lineare-funktionen-tarife

GRIN - Your knowledge has value

Der GRIN Verlag publiziert seit 1998 wissenschaftliche Arbeiten von Studenten, Hochschullehrern und anderen Akademikern als eBook und gedrucktes Buch. Die Verlagswebsite www.grin.com ist die ideale Plattform zur Veröffentlichung von Hausarbeiten, Abschlussarbeiten, wissenschaftlichen Aufsätzen, Dissertationen und Fachbüchern.

Besuchen Sie uns im Internet:

http://www.grin.com/

http://www.facebook.com/grincom

http://www.twitter.com/grin_com

Unterrichtsskizze zum sechsten Unterrichtsbesuch im Unterrichtsfach Mathematik

Thema der Unterrichtsreihe: Lineare Funktionen

Thema der Unterrichtsstunde: Tarife

Schulform: Berufsfachschule

Klasse: 10

Fach: Mathematik

Datum: 29.05.2006

Uhrzeit: 10.15 – 11.00 Uhr (4. Unterrichtsstunde)

Raum: 217

Ausbildungsschule:

Eingereicht von: Andreas Wolf

1.   Lehr- und Lernbedingungen

Die geplante Unterrichtsstunde findet am 29.05.2006 von 10.15 – 11.00 Uhr in der Berufs-fachschule der Fachrichtung Wirtschaft und Verwaltung in der Klasse 10 statt. Seit Anfang des Schuljahres 2005/2006 bin ich pro Woche drei Stunden bedarfsdeckend in dieser Klasse im Fach Mathematik eingesetzt.

Rahmenbedingungen der Klasse: Die Klasse 10 setzt sich aus 11 Schülerinnen und 8 Schülern zusammen. Das Alter der Schüler[1] liegt zwischen 15 und 18 Jahren, eine für eine zehnte Be-rufsfachschulklasse relativ normale Altersstruktur. Die formale Vorbildung der Schüler ist zwar bei allen gleich – alle haben einen Hauptschulabschluss – dennoch zeigen sich deutliche Unterschiede in den Leistungen. Fünf Schüler wiederholen die 10. Klasse der Berufsfachschu-le und haben daher bereits gewisse Vorkenntnisse.

Die Schüler unterscheiden sich stark bezüglich ihrer Herkunft bzw. ihres kulturellen Hinter-grunds, z. B. haben drei Schüler einen islamischen Hintergrund und fünf Schüler sind Russ-landdeutsche. Aus diesem Grund haben einige Schüler Probleme beim Lesen bzw. Verstehen von Texten, was die Bearbeitung von Textaufgaben schwieriger gestaltet.

Das soziale Klima innerhalb der Klasse ist recht gut und entspannt. Zwar necken sich die Schüler viel und gerne, dies geschieht allerdings (soweit ich das beurteilen kann) nie böswil-lig. Man kann folglich von einer intakten Klassengemeinschaft sprechen. Ein Schüler nimmt jedoch eine Sonderstellung ein. Rein äußerlich ist dies daran zu erkennen, dass er in der Regel weit weg von den Mitschülern direkt vor dem Lehrerpult sitzt. Die Ursache für dieses Verhal-ten ist eine Augenkrankheit des Schülers, aufgrund derer der Schüler trotz Brille den Tafel-schrieb nur schwer erkennen kann. Vermutlich da er diese Krankheit schon seit klein auf hat, zieht er sich sehr zurück, meidet weitestgehend soziale Kontakte, ist dadurch in der Entwick-lung seinen Mitschülern ein wenig hinterher und nimmt eine Außenseiterrolle ein. Ihm kommt daher die Arbeit in Teams zugute.

Lernbereitschaft und -fähigkeit: Im Allgemeinen bin ich mit den Leistungen der Klasse zu-frieden. Von Arbeit zu Arbeit haben sich die Schüler gesteigert, die letzte Arbeit hatte sogar einen äußerst erfreulichen Schnitt von etwa 2,7. Immer wieder gebe ich den Schülern Aufga-ben mit Lösungshinweisen, die sie neben den Hausaufgaben auf freiwilliger Basis bearbeiten können. Einige Schüler nutzen diese Möglichkeit des Trainings und steigern dadurch selbst-ständig ihre mathematischen Fähigkeiten. Trotz dieser zusätzlichen Übemöglichkeiten und

---

[1] Um einen besseren Lesefluss zu ermöglichen, wird auf eine geschlechterspezifische sprachliche Differenzie-rung verzichtet.

obwohl ich zu Beginn des Schuljahres eine lange Kompensationsphase eingerichtet hatte, scheinen drei Schüler langsam den Anschluss zu verlieren. Ich denke allerdings, dass diese noch lange nicht an den Grenzen ihrer Leistungsfähigkeit angelangt sind, sondern dass diese sich zum einen oft hinter den Leistungen anderer verstecken oder einfach unkonzentriert und abgelenkt sind. Aus diesem Grund versuche ich, sie durch arbeitsteilige Gruppenarbeit in kleinen Teams von 3 bis 4 Mitgliedern in die Pflicht zu nehmen, das sie also mehr gefordert sind selber zu arbeiten und sich Gedanken zu machen. Ich werde zufällig 6 Gruppen bilden, wobei je zwei Gruppen identische Arbeitsaufträge haben. Insgesamt haben aber alle Gruppen sehr ähnliche Aufgabenstellungen, da in der geplanten Stunde insbesondere die Modellierung bzw. zwei verschiedene mathematische Darstellungsformen, die Wertetabelle und der Graph, geübt werden sollen. Auf diese Weise soll zudem gewährleistet werden, dass die Schüler nicht zu sehr durch unterschiedliche Aufgabenstellungen irritiert werden, aber dennoch verschiedene Realitätsbezüge kennen lernen.

Aus den Leistungsunterschieden resultiert das unterschiedliche Lerntempo der Schüler. Die Schwächeren bedürfen einer starken Hilfestellung, die sie teils durch Mitschüler, teils durch intensive Zuwendung von mir bekommen. Für die guten bzw. sehr guten Schüler besteht immer wieder die Gefahr, dass sie sich langweilen und unterfordert werden. Als Konsequenz daraus habe ich Zusatzaufgaben für die Schüler, gebe ihnen komplexere Aufgabenstellungen oder setze sie sozusagen als meine Assistenten ein, um Mitschüler zu unterstützen.

Grundsätzlich ist die Klasse sehr lebhaft und aufgeweckt. Einige Schüler melden sich sehr viel, zeigen gerne ihre Lösungen an der Tafel und wollen sehr schnelle und direkte Bestätigungen von mir, wenn sie ihre Arbeitsaufträge erledigt haben. Einerseits freut mich dieser Ehrgeiz, problematisch ist allerdings die dabei entstehende Unruhe. Diese tritt insbesondere beim lehrerzentrierten Unterricht auf, wenn Aufgaben zum Vergleichen oder zur Ergebnissicherung an die Tafel geschrieben werden oder wenn Wartezeiten entstehen. Die Arbeitshaltung der Schüler im Gesamten ist aber in Ordnung. Nur in Einzelfällen muss ich Schüler ermahnen mitzuarbeiten bzw. mitzuschreiben.

Methodische und thematische Vorkenntnisse: Lineare Funktionen sollten laut Lehrplan bereits in der 8. Jahrgangsstufe behandelt worden sein. Wie mein Eingangstest Anfang des Schuljahres zeigte, konnten nur wenige Schüler überhaupt ansatzweise Funktionen zeichnen bzw. darstellen. In den Vorstunden wurden Zuordnungen behandelt, die Schüler sollten Graphen auswerten und zeichnen. In der heutigen Stunde soll insbesondere die Darstellung von linearen Funktionen behandelt werden. Obwohl ich in den Vorstunden nicht genauer auf Wertetabellen

und Graphen eingegangen bin, vermute ich, dass so gut wie alle Schüler diese Darstellungsformen nutzen werden. Die Schüler können zwar Gleichungen aufstellen, wenn sie auch bei
mir noch nicht die allgemeine Form der linearen Funktion kennen gelernt haben, die als solche ja auch eine Gleichung darstellt, allerdings denke ich nicht, dass die Schüler darauf zu-
rückgreifen, da ihnen das Aufstellen von Gleichungen im Allgemeinen schwer fällt.

Mit der Methode der Gruppenarbeit sind die Schüler bestens vertraut. Sie wissen miteinander
zu kommunizieren, allerdings haben sie Schwierigkeiten bei der Kooperation mit anderen
Teammitgliedern, und es fällt ihnen somit schwerer, die Gruppenarbeit für das eigene Lernen
zu nutzen. Auch beim Präsentieren tun sich die Schüler unheimlich schwer, nicht weil sie sich
nicht trauen, sondern weil es ihnen schwer fällt, ihre eigenen Darstellungen zu erklären, und
weil sie notwendige Präsentationstechniken außer Acht lassen. Um die Schüler allerdings
nicht ängstlich zu machen und ihnen nicht das Selbstbewusstsein zu nehmen, gebe ich mir
Mühe, die Präsentationen nicht zu zerreißen, sondern peu a peu Verbesserungsvorschläge zu
machen.

Lehrkraft/Organisation: Zuletzt war ich vor fast zwei Wochen in der Klasse. Ich denke, dass
die Schüler aus diesem Grund schon wieder einiges vergessen haben werden. Zu Beginn der
Doppelstunde werde ich daher mit den Schülern ausführlich die Hausaufgaben zu Zuordnungen besprechen, um die Erinnerungen der Schüler wieder aufzufrischen. Den größten Spiel-
raum für Wiederholung bzw. Auffrischung wird allerdings die Auswertungsphase nach der
Präsentation bieten. Hier werden sicher ausführlich Aspekte der Darstellung von Funktionen
besprochen werden müssen.

2.   Didaktisch-methodische Begründung der Unterrichtsreihe

Für den Unterricht in der Berufsfachschule gibt es einen schulinternen Stoffverteilungsplan,
der vorgibt, welche Unterrichtsinhalte in den Jahrgangsstufen 10 und 11 bearbeitet werden
sollen, damit die Schüler am Ende der Klasse 11 den mittleren Abschluss erlangen können.
Das erste Halbjahr dient dazu, die Grundrechenarten Addition, Subtraktion, Multiplikation
und Division aufzufrischen, das Rechnen mit Summen und Differenzen, mit Quadratwurzeln
sowie Potenzregeln und binomische Formeln zu üben. Das zweite Halbjahr beginnt mit Gleichungen und Ungleichungen". Die Schüler haben das Lösen verschiedener Gleichungs- und
Ungleichungstypen bzw. –variationen geübt sowie gelernt, Gleichungen aufzustellen. Im Anschluss daran steht die jetzige Unterrichtsreihe zu linearen Funktionen. In den Vorstunden haben wir uns mit Zuordnungen beschäftigt Zunächst ging es um Zuordnungen im Allgemeinen,

anschließend wurde thematisiert, welche Zuordnungen eindeutig und welche nicht eindeutig sind. Dabei wurde auch der Funktionsbegriff definiert. In der geplanten Unterrichtsstunde sollen Darstellungsformen von Funktionen behandelt werden. Die Schüler sollen eigenständig überlegen, wie sie lineare Sachverhalte angemessen erklären und darstellen können. Zudem sollen sie bereits Eigenschaften von linearen Funktionen erkennen, indem sie Wertetabellen und Graphen von linearen Tarifen vergleichen und interpretieren.

Im Folgenden möchte ich versuchen, den Themenbereich mit der Begründungsstruktur nach Klafki[2] zu legitimieren.

Der Gegenwartsbezug des Themenkomplexes für die Schüler ist sicherlich sehr gering. Sie suchen in der realen Welt noch nicht nach linearen Zusammenhängen, stellen keine Gleichungen oder Funktionen auf bzw. versuchen nicht, Zusammenhänge graphisch darzustellen oder in einer Wertetabelle zusammenzufassen, wenn sie vor einem Problem stehen. Lediglich im schulischen Bereich, z. B. wirtschaftlichen Unterricht werden sie mit dieser Vorgehensweise konfrontiert. So berechnen sie Prozentsätze und Zinssätze für unterschiedliche Beträge, Buchungswerte bei Abschreibungen und zeichnen teilweise lineare Kostenfunktionen.

Dieser Zustand sollte sich ändern. Die Schüler sollen funktionale sowie lineare Zusammenhänge erkennen, graphisch, durch Werte oder Funktionsgleichung darstellen und auswerten bzw. interpretieren können, um sich privat und beruflich Vorteile verschaffen zu können. Gerade beruflich haben Gleichungen eine große Zukunftsbedeutung für die Schüler. Wer im Bereich Wirtschaft arbeitet, muss Steuern, Beitrage und andere Dinge berechnen können, die funktional und oft auch linear mit anderen Größen zusammenhängen. Zudem kann aufgedeckt werden, welche Größen im welchem Maße für die Änderung anderer Größen verantwortlich sind, und somit optimale Zustände hergeleitet werden. Mittels linearer Funktionen können auf den ersten Blick komplexe Sachverhalte einfach modelliert werden, Einzelfälle können verallgemeinert werden und somit kann man sich einen allgemeinen Überblick über einen bestimmten Bereich wie z. B. über den Verlauf von Kosten bei verschiedenen Tarifen schaffen.

Die exemplarische Bedeutung des Themas liegt meiner Meinung nach darin, dass die Schüler eine Beziehung zur realen Welt herstellen und merken, dass lineare Funktionen bzw. allgemein die Mathematik in vielen Bereichen des täglichen Lebens eine große Rolle spielen. Sie erkennen, dass reale Probleme mit Hilfe der Mathematik gelöst werden können bzw. die Mathematik ein Hilfsmittel dafür sein kann. Die elementare Bedeutung des Themas ist, dass lineare Funktionen praktisch Voraussetzung für das Verstehen komplexerer Funktionen sind. Tat-

---

[2] Vgl. Klafki, Wolfgang (1996): Allgemeinbildung und Mathematik, Weinheim/Basel, S. 270 ff.

sächlich sind viele reale Funktionen auch wirklich linear. Später ist es dann möglich, Verallgemeinerungen vorzunehmen und auch nicht-lineare reale Beziehungen zu beschreiben. Die fundamentale Bedeutung des Themas ist, dass reale Zusammenhänge mathematisch beschrieben werden können und somit eine Mathematisierung der realen Welt vorgenommen werden kann.

Um den Schülern dies zugänglich zu machen, stelle ich die Schüler vor (wenn auch vereinfachte) reale Probleme, die anschaulich sind und die die Schüler sich vorstellen können, da ihnen solche Situationen nicht gänzlich fremd sind. Durch diese Aufgaben stellen die Schüler fest, dass mit Hilfe einer Funktion oder deren Darstellung die Beziehungen zu einer anderen Größe abgebildet werden kann und dadurch allgemeine Schlussfolgerungen gezogen werden können. Somit wird den Schülern bewusst, welchen Stellenwert funktionale Zusammenhänge letztlich in der Wirklichkeit haben.

3.   Didaktisch-methodische Begründung der Unterrichtsstunde

Im Folgenden erläutere und begründe ich den geplanten Unterrichtsverlauf. Zu Beginn werde ich den Schülern eine Übersicht über die Doppelstunde geben. Im Anschluss daran werde ich mein Ritual, die Kontrolle und Besprechung der Hausaufgaben, durchführen, um auch die Anknüpfung an die letzte Unterrichtsstunde zu finden, die schon fast zwei Wochen her ist. Danach teile ich die Klasse nach dem Zufallsprinzip in sechs Gruppen ein, von denen jeweils zwei identische Arbeitsaufträge haben (die erste und vierte, die zweite und fünfte sowie die dritte und sechste Gruppe). Dies bringt den Vorteil mit sich, dass die Präsentation der jeweils anderen Gruppe ergänzt werden kann bzw. falls eine Gruppe zu keinen brauchbaren Ergebnissen gelangt, die andere Gruppe aushelfen kann.

Anschließend beginnt die Gruppenarbeitsphase, in der drei unterschiedliche Arbeitsaufträge an die sechs Gruppen verteilt werden. Ich habe mich dabei für kleine Gruppen entschieden, damit jeder Schüler gefordert ist und sich kaum hinter den Leistungen der anderen verstecken kann, wie ich es zuletzt teilweise beobachtet habe. Zufallsgruppen wähle ich, da sich zuletzt oft Freundschaftsgruppen gebildet hatten, die dazu führten, dass die Schüler sich weniger gegenseitig forderten und förderten, sondern sich eher in einer bequemeren Arbeitshaltung unterstützten. Es gibt aber noch weitere Gründe, weshalb ich mich für die Gruppenarbeit entschieden habe. Durch Gruppenarbeit können die Schüler selbständig arbeiten und eigene Denk- und Ordnungsstrukturen entwickeln. Die Abhängigkeit vom Lehrer wird abgebaut, die Kommunikations-, Kooperations-, Koordinations- sowie die Teamfähigkeit und somit die Sozialkompetenz werden gefördert und ruhigere bzw. unsichere Schüler trauen sich eher, ihr Ideen einzubringen.

Während der Gruppenarbeitsphase soll die Fremdbestimmung durch mich möglichst gering gehalten werden. Die Schüler sind aufgefordert, möglichst selbst bestimmt zu arbeiten und unter anderem bisher Gelerntes zu mobilisieren. Ich werde nur dann helfen, wenn es unbedingt nötig ist und ich sehe, dass die Schüler absolut nicht weiter kommen. Nur so gewinnen die Schüler Vertrauen in die eigenen Fähigkeiten. Ich verzichte dabei auf vorgefertigte Hilfestellungen, um flexibel reagieren zu können.

Bei allen Aufgaben wurde bereits eine didaktische Reduktion des realen Problems oder der wirklichen Situation vorgenommen, um die Schüler nicht zu überfordern. So wurden z. B. Zahlen gewählt, mit denen die Schüler relativ einfach rechnen können. Zudem wurden z. B. beim Internet- und Stromtarif die Angebote nur eines Anbieters herausgesucht, sodass nicht noch die Angebote mehrerer Anbieter miteinander verglichen werden müssen, und auch Einrichtungsgebühren oder Sonderangebote und Ähnliches, was in Wirklichkeit beim Preisvergleich auch Berücksichtigung finden sollte, vernachlässigt. Trotz dieser Vereinfachungen werden die Schüler meiner Ansicht nach enorme Probleme haben, die nötigen Informationen zu verarbeiten und geeignet darzustellen, da ihre Schwierigkeiten meist schon beim Verständnis des Textes beginnen und ihnen bei der Modellierung mittels Graphen, Wertetabelle und Funktionsgleichungen die nötigen Vorkenntnisse fehlen.

Insgesamt orientieren sich alle Aufgaben an der Erlebniswelt der Schüler oder beinhalten zumindest realistische Problemstellungen. Diese sollen den Schülern den Zugang zur Aufgabe erleichtern.

Die Aufgaben für alle Gruppen sind sehr ähnlich. Die Schüler sollen gleiche Arbeitsaufträge, allesamt zu Tarifen, bezogen auf unterschiedliche Situationen lösen, sodass die Schwierigkeitsgrade annähernd gleich sind. Alle Texte und Arbeitsaufträge sind in einer der Klasse angemessenen Sprache geschrieben und die Aufgaben enthalten keine für die Lösung der Aufgabe unwesentlichen Angaben. Da die Aufgaben mehrere Lösungswege zulassen (die Darstellungsformen sind frei wählbar; die Schüler können graphisch, durch das Einsetzen von Werten oder Schätzungen die optimalen Tarifintervalle ermitteln; es sind keine Verbrauchszahlen der zu beratenden Personen vorgegeben), kann man von offenen Aufgabenstellungen sprechen, die ein Mittel zur Individualisierung des Unterrichts darstellen, was aus konstruktivistischer Sicht als Qualitätsmerkmal des Unterrichts angesehen wird.[3]

Nach der Gruppenarbeitsphase wird die Klasse wieder zusammengeführt und die Präsentation der einzelnen Lösungen beginnt mit Gruppe 1 bzw. Gruppe 4. Die einzelnen Gruppen sollen die jeweiligen Tarife mit Hilfe der Folien, auf denen sie die Tarife mathematisch dargestellt haben, erläutern und begründete Empfehlungen zur Wahl eines Tarifes aussprechen. Auf diese Weise verbalisieren sie ihre Gedanken, was zum einen die Kompetenz K1 der Bildungsstandards für den mittleren Bildungsabschluss „Mathematisch argumentieren" fördert und andererseits eine Mehrfachkodierung bewirkt, wodurch bei den Schülern der visuelle und der auditive Wahrnehmungskanal angesprochen werden und somit die verschiedenen Lerntypen in der Klasse berücksichtigt werden. Auch dies ist eine Form der Individualisierung des Unterrichts.

Die anderen Gruppen überprüfen die Darstellungen, Erläuterungen und Empfehlungen, nehmen ggf. Korrekturen vor, machen Ergänzungen oder Verbesserungsvorschläge. Ggf. werde ich eingreifen, Verständnisfragen stellen und ergänzende Erläuterungen zu den einzelnen Darstellungen und Ausführungen machen, damit die mathematische Genauigkeit und Richtigkeit gewahrt wird. Zudem werde ich die Schüler fragen, welche Gemeinsamkeiten oder Unterschiede ihnen bei den Darstellungen der verschiedenen Tarif-Graphen auffallen.

Nach diesem Schema wird fortgefahren, bis die drei verschiedenen Aufgabenbereiche präsentiert wurden. Zum Abschluss werde ich die Ergebnisse und Erkenntnisse zusammenfassen. Als Hausaufgabe sollen die Schüler die noch nicht bearbeiteten Arbeitsaufträge fertig stellen und einen ihnen bekannter Tarif aus der Wirklichkeit graphisch darstellen.

Für mich ist es schwierig einzuschätzen, wie viel Zeit die Schüler zur Bearbeitung der offenen Aufgabenstellung benötigen und wie groß ihre Schwierigkeiten bei deren Bearbeitung sind. Aus diesem Grund ist es durchaus möglich, dass in der geplanten Stunde die Präsentationsphase nicht ganz abgeschlossen und ausgewertet werden kann, was dann aber in der Folgestunde fortgeführt werden kann.

4.   Zielsetzung der geplanten Unterrichtsstunde:

- Mathematisierung und Lösung eines realen Problems

- Erkennen der Mathematik in unserer alltäglichen Erlebenswelt

---

[3] Vgl. Leuders, Timo (2001): Qualität im Mathematikunterricht der Sekundarstufe I und II, Bielfeld, S. 92 ff.

- Erkennen mathematischer bzw. linearer Zusammenhänge

- Mathematisches Kommunizieren, Argumentieren und Modellieren

- Darstellung von linearen Funktionen mittels Wertetabelle und Funktionsgraph

- Ableitung von Eigenschaften linearer Funktionen

- Förderung von Kooperation im Rahmen der Teamarbeit

- Förderung der Eigenständigkeit und Selbsttätigkeit

- Eigenständige Konstruktion von Wissen

- Einübung von Präsentationstechniken

- Stärkung des Selbstwertgefühls

5.   Geplanter Verlauf der Doppelstunde

Handlungsphase	Handlungsprozesse	Sozialform/ Handlungsmuster
Informieren I	• Begrüßung • Übersicht über die die Doppelstunde geben • Kontrolle und Besprechung der Hausaufgabe • Einteilung der Gruppen/Erteilung der Arbeitsaufträge • Klärung von Verständnisfragen	• Lehrer-Vortrag • Lehrer-Schüler Gespräch
Informieren II	• Lesen der Aufgabenstellung und der Arbeitsaufträge bzw. Sichtung der Arbeitsaufträge	
Planen	• Nachvollziehen der Aufgabenstellung bzw. der Arbeitsaufträge • Gruppen planen ihre Vorgehensweise bei der Bearbeitung der Arbeitsaufträge	
Entscheiden	• Gruppen legen sich auf eine Vorgehensweise bei der Bearbeitung der Arbeitsaufträge fest • Gruppen einigen sich auf einen Lösungsweg	• Gruppenarbeit
Ausführen	• Gruppen machen sich Stichpunkte zu ihren Erklärungen und nutzen mathematische Darstellungsformen zur Verdeutlichung ihrer Erläuterungen • Gruppen überlegen sich Empfehlungen für eine Tarifentscheidung und begründen diese (evtl. anhand ihrer Darstellungen) • Gruppen erstellen Präsentationsfolien • Gruppen bereiten ihre Präsentationen vor, indem sie auswählen, wer vorträgt und wie präsentiert bzw. erklärt wird.	

	• Je nach Zeit bearbeiten die Gruppen eventuell auch noch die Zusatzarbeitsaufträge	
Präsentieren	• Mit Gruppe 1 oder 4 beginnend werden die Präsentationen vorgetragen. • Die anderen Gruppen stellen ggf. Verständnisfragen.	• Schülervortrag
Bewerten/Auswerten	• Die anderen Gruppen überprüfen die vorgetragenen Darstellungen, Erläuterungen und Empfehlungen, nehmen ggf. Korrekturen vor, machen Ergänzungen bzw. Verbesserungsvorschläge • Ggf. zeigt die zweite Gruppe mit der identischen Aufgabenstellung ihre Lösung • Ggf. Eingreifen des Lehrers • Feedback von Lehrer- und Schülerseite zu den Präsentationen • Gleiches Vorgehen bei den Gruppen 2 bzw. 5 und 3 bzw. 6. • Zusammenfassung der Ergebnisse	• Plenum: Schüler-Schüler- bzw. Lehrer-Schüler-Gespräch

Anmerkung: **Zu Beginn des Unterrichtsbesuchs (4. Unterrichtsstunde) dürfte sich die Klasse noch in der Ausführungsphase befinden.**

Internettarif   Gruppe 1

AUSGANGSSITUATION:

Eure Tante hat sich bisher kaum mit dem Internet beschäftigt. Da sie aber unbedingt auch über E-Mails erreichbar sein möchte, will sie sich einen eigenen Internetanschluss zulegen. Sie hat folgende drei Tarifangebote beim Internetprovider 3&3 gefunden:

Tarif 1:   Pro Minute sind 3 Cent für die Benutzung des Internets zu zahlen.

Tarif 2:   Jeden Monat ist eine Grundgebühr von 4 Euro zu entrichten. Zusätzlich sind 1 Cent pro Minute für die Internetnutzung zu zahlen.

Tarif 3:   Jeden Monat sind 10 Euro zu entrichten. Dafür fallen keine weiteren Kosten für die Internetnutzung an (Flatrate)

Eure Tante wendet sich nun mit der Bitte an euch, ihr die unterschiedlichen Tarife zu erklären, und möchte sich für einen der drei Tarife entscheiden.

ARBEITSAUFTRÄGE:

1. Schreibt in Stichworten auf, wie ihr die drei Tarife erklären würdet.

2. Fertigt mindestens zwei mathematische Darstellungen der Tarife an, die eurer Meinung nach geeignet sind, eure mündlichen Erläuterungen zu verdeutlichen.

3. Übertragt eure Darstellungen auf Folie.

4. Welchen Tarif könntet ihr eurer Tante empfehlen? Begründet eure Empfehlung und notiert euch dazu Stichpunkte.

5. Legt fest, welche Mitglieder eurer Gruppe der Klasse die Tarife und eure Empfehlung erläutern (bei eurer Präsentation sollt ihr euren Mitschülern zunächst die Ausgangssituation erklären)

Falls ihr noch Zeit habt:

➢ Handelt es sich bei der Betrachtung Onlinezeit → Onlinekosten um eine Funktion? Begründet kurz.

➢ Angenommen die Variable y steht für die Onlinekosten (in Euro pro Monat) und die Variable x für die Onlinezeit (in Minuten pro Monat). Stellt je eine Gleichung für die drei Onlinetarife auf, die beide Variablen enthält.

Internettarif   Gruppe 4

AUSGANGSSITUATION:

Eure Tante hat sich bisher kaum mit dem Internet beschäftigt. Da sie aber unbedingt auch über E-Mails erreichbar sein möchte, will sie sich einen eigenen Internetanschluss zulegen. Sie hat folgende drei Tarifangebote beim Internetprovider 3&3 gefunden:

Tarif 1:   Pro Minute sind 3 Cent für die Benutzung des Inter-
           nets zu zahlen.

Tarif 2:   Jeden Monat ist eine Grundgebühr von 4 Euro zu
           entrichten. Zusätzlich sind 1 Cent pro Minute für die
           Internetnutzung zu zahlen.

Tarif 3:   Jeden Monat sind 10 Euro zu entrichten. Dafür fallen
           keine weiteren Kosten für die Internetnutzung an
           (Flatrate)

Eure Tante wendet sich nun mit der Bitte an euch, ihr die unterschiedlichen Tarife zu erklären, und möchte sich für einen der drei Tarife entscheiden.

ARBEITSAUFTRÄGE:

1. Schreibt in Stichworten auf, wie ihr die drei Tarife erklären würdet.
2. Fertigt mindestens zwei mathematische Darstellungen der Tarife an, die eurer Meinung nach geeignet sind, eure mündlichen Erläuterungen zu verdeutlichen.
3. Übertragt eure Darstellungen auf Folie.
4. Welchen Tarif könntet ihr eurer Tante empfehlen? Begründet eure Empfehlung und notiert euch dazu Stichpunkte.
5. Legt fest, welche Mitglieder eurer Gruppe der Klasse die Tarife und eure Empfehlung erläutern (bei eurer Präsentation sollt ihr euren Mitschülern zunächst die Ausgangssituation erklären)

Falls ihr noch Zeit habt:

➢ Handelt es sich bei der Betrachtung Onlinezeit → Onlinekosten um eine Funktion? Begründet kurz.

➢ Angenommen die Variable y steht für die Onlinekosten (in Euro pro Monat) und die Variable x für die Onlinezeit (in Minuten pro Monat). Stellt je eine Gleichung für die drei Onlinetarife auf, die beide Variablen enthält.

Stromtarif   Gruppe 2

AUSGANGSSITUATION:

Eure Freundin hat sich bisher kaum über den Bezug von Strom Gedanken gemacht. Da sie aber in einer Woche in ihre eigene neue Wohnung ziehen wird, muss sie sich einen Stromtarif aussuchen. Sie hat folgende drei Tarifangebote beim Energieversorgungsunternehmen RWO gefunden:

Tarif 1: Pro kWh (Kilowattstunde bzw. Stromeinheit) sind 0,37 Euro für den Verbrauch von Strom zu zahlen.

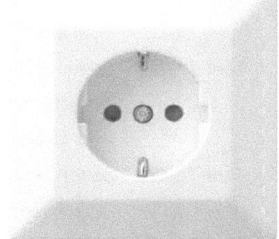

Tarif 2: Jeden Monat ist eine Grundgebühr von 20 Euro zu entrichten. Zusätzlich sind 0,17 Euro pro kWh für den Stromverbrauch zu zahlen.

Tarif 3: Jeden Monat ist eine Grundgebühr von 30 Euro zu entrichten. Zusätzlich sind 0,13 Euro pro kWh für den Stromverbrauch zu zahlen.

Eure Freundin wendet sich nun mit der Bitte an euch, ihr die unterschiedlichen Tarife zu erklären, und möchte sich für einen der drei Tarife entscheiden.

ARBEITSAUFTRÄGE:

1. Schreibt in Stichworten auf, wie ihr die drei Tarife erklären würdet.

2. Fertigt mindestens zwei mathematische Darstellungen der Tarife an, die eurer Meinung nach geeignet sind, eure mündlichen Erläuterungen zu verdeutlichen.

3. Übertragt eure Darstellungen auf Folie.

4. Welchen Tarif könntet ihr eurer Freundin empfehlen? Begründet eure Empfehlung und notiert euch dazu Stichpunkte.

5. Legt fest, welche Mitglieder eurer Gruppe der Klasse die Tarife und eure Empfehlung erläutern (bei eurer Präsentation sollt ihr euren Mitschülern zunächst die Ausgangssituation erklären)

Falls ihr noch Zeit habt:

➢ Handelt es sich bei der Betrachtung Stromverbrauch → Stromkosten um eine Funktion? Begründet kurz.

➢ Angenommen die Variable y steht für die Stromkosten (in Euro pro Monat) und die Variable x für den Stromverbrauch (in kWh pro Monat). Stellt je eine Gleichung für die drei Stromtarife auf, die beide Variablen enthält.

Stromtarif   Gruppe 5

AUSGANGSSITUATION:

Eure Freundin hat sich bisher kaum über den Bezug von Strom Gedanken gemacht. Da sie aber in einer Woche in ihre eigene neue Wohnung ziehen wird, muss sie sich einen Stromtarif aussuchen. Sie hat folgende drei Tarifangebote beim Energieversorgungsunternehmen RWO gefunden:

Tarif Taxi 1:   Pro kWh (Kilowattstunde bzw. Stromeinheit) sind 0,37 Euro für den Verbrauch von Strom zu zahlen.

Tarif Taxi 2:   Jeden Monat ist eine Grundgebühr von 20 Euro zu entrichten. Zusätzlich sind 0,17 Euro pro kWh für den Stromverbrauch zu zahlen.

Tarif Taxi 3:   Jeden Monat ist eine Grundgebühr von 30 Euro zu entrichten. Zusätzlich sind 0,13 Euro pro kWh für den Stromverbrauch zu zahlen.

Eure Freundin wendet sich nun mit der Bitte an euch, ihr die unterschiedlichen Tarife zu erklären, und möchte sich für einen der drei Tarife entscheiden.

ARBEITSAUFTRÄGE:

1. Schreibt in Stichworten auf, wie ihr die drei Tarife erklären würdet.
2. Fertigt mindestens zwei mathematische Darstellungen der Tarife an, die eurer Meinung nach geeignet sind, eure mündlichen Erläuterungen zu verdeutlichen.
3. Übertragt eure Darstellungen auf Folie.
4. Welchen Tarif könntet ihr eurer Freundin empfehlen? Begründet eure Empfehlung und notiert euch dazu Stichpunkte.
5. Legt fest, welche Mitglieder eurer Gruppe der Klasse die Tarife und eure Empfehlung erläutern (bei eurer Präsentation sollt ihr euren Mitschülern zunächst die Ausgangssituation erklären)

Falls ihr noch Zeit habt:

➤ Handelt es sich bei der Betrachtung Stromverbrauch → Stromkosten um eine Funktion? Begründet kurz.

➤ Angenommen die Variable y steht für die Stromkosten (in Euro pro Monat) und die Variable x für den Stromverbrauch (in kWh pro Monat). Stellt je eine Gleichung für die drei Stromtarife auf, die beide Variablen enthält.

Taxitarif   Gruppe 3

AUSGANGSSITUATION:

Euer Kumpel will nach dem Besuch des Limburger Frühlingsfestes mit dem Taxi die Heimreise an-
treten, da er ein wenig zu viel getrunken hat. Mehr noch als der Alkohol verwirren ihn die drei Taxi-
fahrer von drei unterschiedlichen Taxiunternehmen. Diese machen ihm nämlich preislich unterschiedliche Angebote:

Tarif Taxi 1:   Pro Fahrt ist ein Grundpreis von 2 Euro zu
                entrichten. Zusätzlich ist 1 Euro pro Kilometer
                (km) zu zahlen.

Tarif Taxi 2:   Pro Fahrt ist ein Grundpreis von 3,50 Euro zu
                entrichten. Zusätzlich sind 0,90 Euro pro km
                zu zahlen.

Tarif Taxi 3:   Für eine Fahrt im Umkreis von 50 km sind
                pauschal 30,50 Euro zu entrichten. Dafür fal-
                len keine weitere Kosten pro km an.

Euer Kumpel wendet sich nun mit der Bitte an euch, ihm die unterschiedlichen Tarife zu erklären,
und will sich natürlich für einen der drei Tarife entscheiden.

ARBEITSAUFTRÄGE:

1. Schreibt in Stichworten auf, wie ihr die drei Tarife erklären würdet.
2. Fertigt mindestens zwei mathematische Darstellungen der Tarife an, die eurer Meinung nach
   geeignet sind, eure mündlichen Erläuterungen zu verdeutlichen.
3. Übertragt eure Darstellungen auf Folie.
4. Welchen Tarif könntet ihr eurem Kumpel empfehlen? Begründet eure Empfehlung und notiert
   euch dazu Stichpunkte.
5. Legt fest, welche Mitglieder eurer Gruppe der Klasse die Tarife und eure Empfehlung erläutern
   (bei eurer Präsentation sollt ihr euren Mitschülern zunächst die Ausgangssituation erklären)

Falls ihr noch Zeit habt:

➤ Handelt es sich bei der Betrachtung zurückzulegende Kilometer → Taxikosten um eine Funktion?
  Begründet kurz.

➤ Angenommen die Variable y steht für die Taxikosten (in Euro pro Fahrt) und die Variable x für
  die zurückzulegenden Kilometer (in km pro Fahrt). Stellt je eine Gleichung für die drei Taxitarife
  auf, die beide Variablen enthält.

Taxitarif   Gruppe 6

AUSGANGSSITUATION:

Euer Kumpel will nach dem Besuch des Limburger Frühlingsfestes mit dem Taxi die Heimreise an-
treten, da er ein wenig zu viel getrunken hat. Mehr noch als der Alkohol verwirren ihn die drei Taxi-
fahrer von drei unterschiedlichen Taxiunternehmen. Diese machen ihm nämlich preislich unterschiedliche Angebote:

Tarif Taxi 1:   Pro Fahrt ist ein Grundpreis von 2 Euro zu ent-
                richten. Zusätzlich ist 1 Euro pro Kilometer (km)
                zu zahlen.

Tarif Taxi 2:   Pro Fahrt ist ein Grundpreis von 3,50 Euro zu
                entrichten. Zusätzlich sind 0,90 Euro pro km zu
                zahlen.

Tarif Taxi 3:   Für eine Fahrt im Umkreis von 50 km sind pau-
                schal 30,50 Euro zu entrichten. Dafür fallen kei-
                ne weitere Kosten pro km an.

Euer Kumpel wendet sich nun mit der Bitte an euch, ihm die unterschiedlichen Tarife zu erklären,
und will sich natürlich für einen der drei Tarife entscheiden.

ARBEITSAUFTRÄGE:

1. Schreibt in Stichworten auf, wie ihr die drei Tarife erklären würdet.
2. Fertigt mindestens zwei mathematische Darstellungen der Tarife an, die eurer Meinung nach
   geeignet sind, eure mündlichen Erläuterungen zu verdeutlichen.
3. Übertragt eure Darstellungen auf Folie.
4. Welchen Tarif könntet ihr eurem Kumpel empfehlen? Begründet eure Empfehlung und notiert
   euch dazu Stichpunkte.
5. Legt fest, welche Mitglieder eurer Gruppe der Klasse die Tarife und eure Empfehlung erläutern
   (bei eurer Präsentation sollt ihr euren Mitschülern zunächst die Ausgangssituation erklären)

Falls ihr noch Zeit habt:

➢ Handelt es sich bei der Betrachtung zurückzulegende Kilometer → Taxikosten um eine Funktion?
  Begründet kurz.
➢ Angenommen die Variable y steht für die Taxikosten (in Euro pro Fahrt) und die Variable x für
  die zurückzulegenden Kilometer (in km pro Fahrt). Stellt je eine Gleichung für die drei Taxitarife
  auf, die beide Variablen enthält.

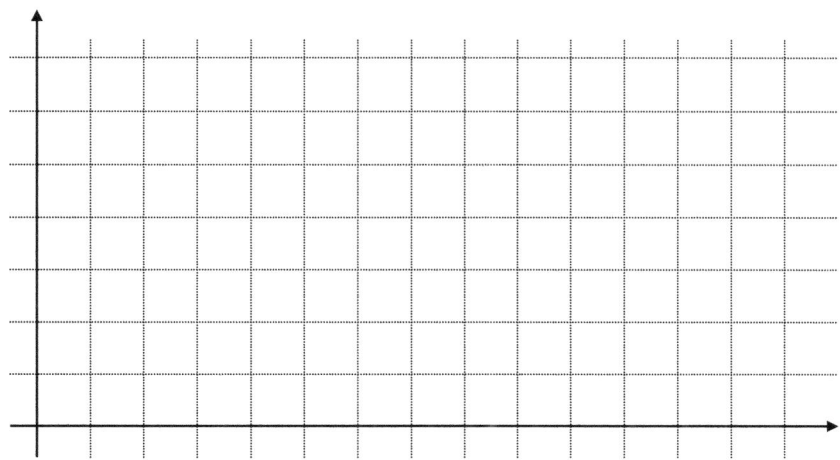

Internettarif

Gruppe 1

Internettarif

Gruppe 4

Stromtarif

Gruppe 2

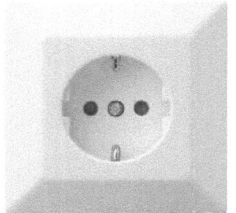

Stromtarif

Gruppe 5

Taxitarif

Gruppe 3

Taxitarif

Gruppe 6